江苏科普创作出版扶持计划项目

【渔美四季丛书】

丛书总主编 殷 悦 丁 玉

邵俊杰 王晓鹏 主编

杨瑾怡 绘画

克氏原螯虾

——来自异域的红甲武士

江苏凤凰科学技术出版社 · 南京

图书在版编目（CIP）数据

克氏原螯虾：来自异域的红甲武士 / 邵俊杰，王晓鹏主编．—南京：江苏凤凰科学技术出版社，2023.12

（渔美四季丛书）

ISBN 978-7-5713-3846-6

Ⅰ.①克… Ⅱ.①邵… ②王… Ⅲ.①螯虾 – 虾类养殖 – 青少年读物 Ⅳ.① S966.12-49

中国国家版本馆 CIP 数据核字 (2023) 第 210237 号

渔美四季丛书

克氏原螯虾——来自异域的红甲武士

主　　编　邵俊杰　王晓鹏
策划编辑　沈燕燕
责任编辑　严　琪
责任校对　仲　敏
责任印制　刘文洋
责任设计　蒋佳佳

出版发行　江苏凤凰科学技术出版社
出版社地址　南京市湖南路 1 号 A 楼，邮编：210009
出版社网址　http://www.pspress.cn
照　　排　江苏凤凰制版有限公司
印　　刷　南京新世纪联盟印务有限公司

开　　本　787 mm × 1 092 mm　1/16
印　　张　3.75
字　　数　70 000
版　　次　2023 年 12 月第 1 版
印　　次　2023 年 12 月第 1 次印刷

标准书号　ISBN 978-7-5713-3846-6
定　　价　28.00 元

《克氏原螯虾——来自异域的红甲武士》编写人员

主　　编　邵俊杰　王晓鹏

绘　　画　杨瑾怡

参编人员（按姓氏笔画排序）

王　珂　王发荣　史晏如　朱　耀　刘艳红　孙朝虎　周明华

施冠玉　贺婉路　袁孝春　龚　成

支持单位　盱眙县农业农村局

江苏盱眙龙虾产业发展股份有限公司

序

在宇宙亿万年的演化过程中，地球逐渐形成了海洋湖泊、湿地森林、荒原冰川等丰富多样的生态系统，也孕育了无数美丽而独特的生命。人类一直在不断地探索，并尝试解开这些神秘的生命密码。

“渔美四季丛书”由江苏省淡水水产研究所组织编写，从多角度讲述了丰富而有趣的鱼类生物知识。从胭脂鱼的梦幻色彩到刀鲚的身世之谜，从长吻鮠的美丽家园到河鲀的海底怪圈，从环棱螺的奇闻趣事到克氏原螯虾和罗氏沼虾的迁移历史……在这套丛书里，科学性知识以趣味科普的方式娓娓道来。丛书还特邀多位资深插画师手绘了上百幅精美的插图，既有写实风格，亦有水墨风情，排版别致，令人爱不释手。

此外，丛书的内容以春、夏、秋、冬为线索展开，自然规律与故事性相结合，能激发青少年读者的好奇心、想象力和探索欲，增强他们的科学兴趣。让读者在感叹自然的奇妙之余，还能对海洋湖泊、物种生命多一份敬畏之情和爱护之心。

教育部“双减”政策的出台，给学生接近科学、理解科学、培养科学兴趣腾挪了空间和时间。这套丛书适合青少年阅读学习，既是鱼类知识的科普读物，又能作为相关研学活动的配套资料，方便老师教学使用。

科学的普及与图书出版休戚相关。江苏凤凰科学技术出版社发挥专业优势，致力于科技的普及和推广，是一家有远见、有担当、有使命的大型出版社。江苏省淡水水产研究所发挥省级科研院所渔业力量，将江苏优势渔业科技成果首次以科普的形式展现出来，“渔美四季丛书”的主题内容，与党的二十大报告提出的“加快建设农业强国”指导思想不谋而合。我相信，在以经济建设为中心的党的基本路线指引下，科普类图书出版必将在服务经济建设、服务科技进步、服务全民科学素质提升上发挥更重要的作用。希望这套丛书带给读者美好的阅读体验，以此开启探索自然奥妙的美妙之旅。

朱家珑

原江苏省青少年科技教育协会秘书长

七彩语文杂志社社长

前言

2021年6月25日，国务院印发《全民科学素质行动规划纲要（2021—2035年）》。习近平总书记指出："科技创新、科学普及是实现创新发展的两翼，要把科学普及放在与科技创新同等重要的位置。没有全民科学素质普遍提高，就难以建立起宏大的高素质创新大军，难以实现科技成果快速转化。"

"渔美四季丛书"精选特色水产品种，其中胭脂鱼摇曳生姿，刀鲚熠熠生辉，长吻鮠古灵精怪，环棱螺腹有乾坤，河鲀生人勿近，克氏原螯虾勇猛好斗，罗氏沼虾广受欢迎。这些水产品种形态各异、各有特色。

丛书揭开了渔业科研工作的神秘面纱，化繁为简，以平实的语言、生动的绘画，展示了这些水生精灵的四季变化，将它们的过去、现在与未来，繁殖、培育与养成，向读者娓娓道来。最终拉近读者与它们之间的距离，让科普更亲近大众，让创新更集思广益、有的放矢。

中华文明，浩浩荡荡，科学普及，任重道远。愿"渔美四季丛书"在渔业发展的道路上，点一盏心灯，筑一块基石！

编者

目录

第一节

小龙虾是龙虾吗？

自从五年级接触了沙塘鳢后，江小渔就对水产动物产生了浓厚的兴趣，不仅爱吃水产类食品，而且更爱深入探究水产动物的生物习性和养殖过程。

小龙虾不是龙虾

一个周日的下午，陪爸爸妈妈逛超市的江小渔在水产区看到那一缸缸鱼和虾之后就走不动路了，其中最吸引江小渔的是一只手臂长的大龙虾，她直勾勾地盯着这只大龙虾，小脑袋瓜里不知道在想什么。

江茂和于晓一直欢快地聊着天，直到推着小推车走出去好远，才发现江小渔不在身后跟着，赶紧回头找，终于在水产区看到盯着水缸一动不动的小渔。

江茂悄悄走过去，从背后拍了拍小渔，小渔显然吓了一跳，回过神来，看到是爸爸，就迫不及待地问道："爸爸，这是龙虾吗？"江茂看了看水缸里悠闲甩着触须的龙虾，点了点头。不等江茂提问，小渔又说：“那我们夏天宵夜最爱吃的小龙虾和它是什么关系？是它小时候吗？”

江茂笑了笑说：“龙虾和小龙虾并不是同一种动物，也不单纯是大和小的关系。”

小渔一脸疑惑地看着江茂。

江茂故意卖个关子，想要引导小渔自己找出答案：“你先仔细观察一下龙虾，再回想一下小龙虾的样子，看看它们有什么不一样的地方。”小渔又摆出刚才的姿势，从水缸侧面仔细观察着龙虾，然后又踮着脚从水面上方看下去，不漏过龙虾的任何一个地方，接着又歪着脑袋回忆了一下小龙虾的样子。她以前和爸爸一起吃的时候仔细观察过，小龙虾的样子早已刻在她的脑海里。

● 小渔站在水缸旁看龙虾

“大龙虾没有钳子，小龙虾有钳子！”小渔非常自信地说出了答案。

“答对啦！”江茂赞许地说：“至于龙虾和小龙虾到底有什么关系，龙虾和小龙虾又分别属于什么科、属、种，我们回家翻资料去。”

回到家，江茂找出一本书，翻开一页给小渔看：“这就是我们在超市里看到的那只龙虾，叫作天鹅龙虾，也就是西澳岩龙虾，产于澳大利亚西海岸，它才是真正的龙虾，龙虾科的虾。它们生活在海洋中，体型很大。”

“还有一种比较常见的虾类海鲜被我们称为波龙，也就是波士顿龙虾，它也有一对超大的钳子，你觉得它是龙虾科的吗？”江茂拿起一本书翻到波龙这一页，把图片展示给小渔看。

● 天鹅龙虾

● 波士顿龙虾

● 小龙虾

“它的钳子真的超级大，被夹一下一定非常疼。”小渔下意识地缩回碰到图片的手，然后思索片刻：“既然你特意提到了它的钳子，那它应该不是龙虾科的吧？！”

江茂露出笑容：“没错，真聪明。有钳子的都不是真正的龙虾，波士顿龙虾其实是海螯虾科的。这个‘螯’字就是指动物的钳子，而小龙虾也有一对钳子，它属于螯虾科，生活在淡水里，波士顿龙虾生活在海洋里。”

“哦，我明白了，龙虾和小龙虾，还有波士顿龙虾，虽然名字里都有‘龙虾’两个字，但它们其实属于不同的科。那小龙虾为什么叫小龙虾呢？”小渔疑惑地问。

"小龙虾只是它的俗名，是人们觉得它长得像缩小版的龙虾，它的学名叫克氏原螯虾，这个名字就很一目了然，'克氏'是一个人名，是为了纪念标本收集家克拉克（John H. Clark），'原螯虾'表示它属于螯虾科原螯虾属。"

"太好了，又学到了新知识，明天可以去讲给我的同学们听了。"小渔说道。

煮熟就变红

第二天，课间休息时，江小渔兴致勃勃地把昨天新学的知识讲给同学们听。他们都是因小渔的科普讲解而喜欢上动物的小伙伴。听小渔讲完，他们七嘴八舌地谈论着。

"我还没吃过真正的大龙虾呢，好吃吗？"

"好吃呀！肉又大又多，就是太贵了。"

"我吃过波士顿龙虾，那钳子好大，还特别硬，不给劈开的话，根本咬不动，不过里面肉挺好吃的。"

"对了，大家发现没有，不管活着的时候是什么颜色，煮熟之后它们都变成了红色，这是为什么呢？"

大家陷入了沉默，突然一位同学说："我们去问问科学老师吧，正好下节课就是科学课。"

下课铃声刚响起，小渔和几个同学就立马跑到讲台上，把科学课陈老师团团围住，迫不及待地问出了这个问题。

陈老师微笑着回答："这个呀，主要是因为虾蟹体内都含有一种叫作虾青素的物质，它是自然界中普遍存在的一种色素。它的名字虽然叫虾青素，但它却是橙红色的。在活的虾蟹体内，虾青素并不是单独存在的，而是和蛋白质结合在一起，就变成了甲壳蓝蛋白。这种蛋白质如名字所示，呈蓝绿色，所以很多虾蟹都是蓝绿色系的，当然也有像天鹅龙虾和小龙虾这种有点红的，但它们的红是偏暗的，也是受了甲壳蓝蛋

● 小渔和同学们围住老师问问题

白的影响。当虾蟹被高温蒸煮之后，蛋白质被破坏，把虾青素释放了出来，就好比鸡蛋煮熟后，透明流动的蛋清变成了固态的蛋白，但是虾青素不受高温影响，仍然保持原本的样子，它本来的颜色也显现了出来，所以就变成了红色。”

“原来是这样，谢谢陈老师！”同学们异口同声地说。

“对了，虾青素对身体非常好，大家平时可以多吃点虾蟹。”陈老师嘱咐。

放学后，小渔快速收拾好书包，走到校门口，看到爸爸在向她招手，她开心地跑向爸爸，向爸爸讲述今天在学校里发生的事情。

洗虾初体验

父女俩一起回到家，江茂先小渔一步走进厨房，拿出一个小桶对小渔说：“你看这是什么？”

小渔往桶里一看：“这不是小龙虾嘛，也就是克氏……克氏原螯虾！”

“没错，你要不要帮我一起洗虾？”

小渔开心地点点头。

“来，戴上橡胶手套，小心被它夹到手，夹到手可是很疼的。”江茂递给小渔一双手套和一个牙刷。

小渔戴好手套，拿起一只小龙虾，小龙虾立马扬起钳子似乎要跟她决斗。小渔被这只耀武扬威却又插翅难逃的小龙虾逗笑了，笑过之后就仔细观察起来，完全忘记了自己是来帮爸爸洗虾的。

这只小龙虾个头不大，也就一根手指长，全身红得发黑，它确实和大龙虾长得很像，只不过有一对大钳子，这对钳子显得格外大，超出身体很多，显得有点头重脚轻。仔细看这钳子末端有小钩子，钳子内侧还有锯齿，钳子表面以及头胸部背面都有许多小疙瘩。再看向它的眼睛，发现它的眼睛是可以转动的，下面还有一个短柄，就像一个短短的火柴棍。

● 小龙虾钳子特写

江茂看到小渔在看小龙虾的眼睛，就说："它的眼睛和蜻蜓、苍蝇一样是复眼，里面有很多个'小眼睛'。"看到小渔点点头，江茂继续说道："你再看两眼中间那个尖尖的地方，叫作额剑，每种虾的额剑的形状都不一样，你看看小龙虾的额剑是什么样子的？"

“末端尖尖的，呈三角形，中间凹进去，两边又有两条凸起的棱。这个额剑是干什么用的呀？”

“额剑就是额头上的剑，是虾的‘武器’，可以用来保护自己。我再考考你，小龙虾有几条腿？”江茂神秘地一笑。

“1、2、3……8 条腿！”小渔觉得这道题太简单了，会数数不就能答上来了，幼儿园小朋友都会。

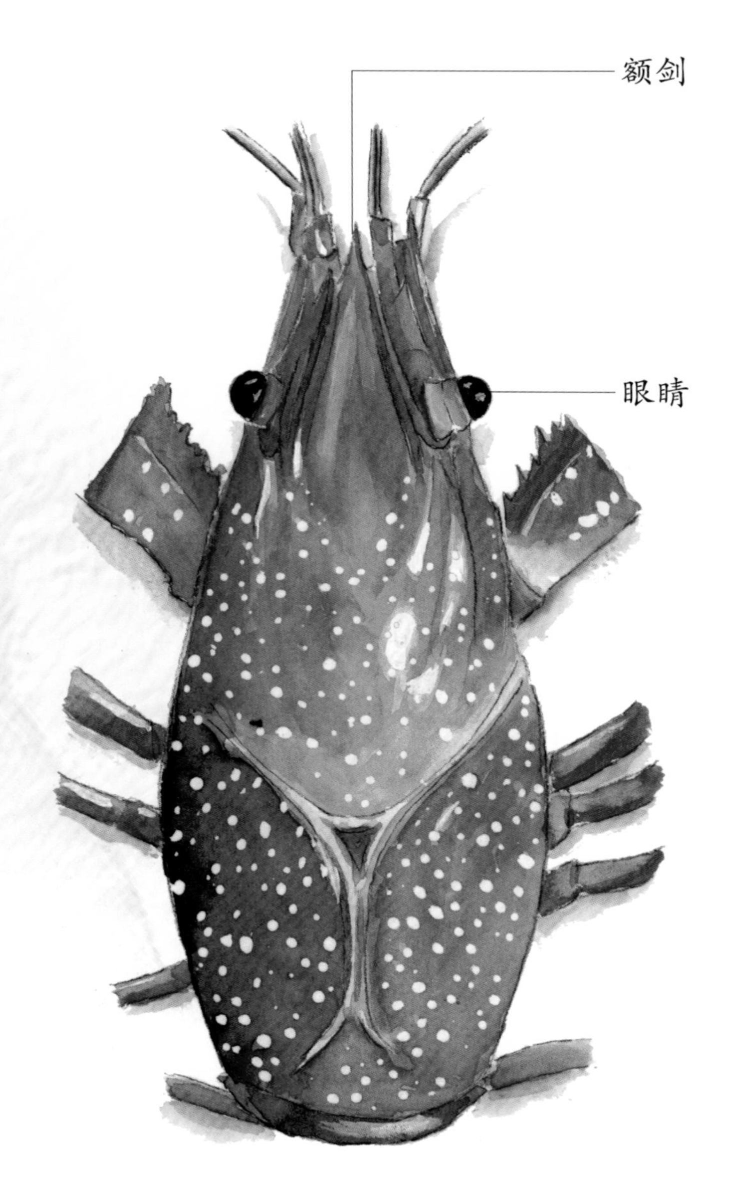

● 小龙虾头胸部背面特写

“你肯定没算它的两个大钳子吧！其实，这两个大钳子也算腿，更准确地说是步足，钳子是特化的步足，所以它是 10 条腿。”江茂仿佛猜到小渔会答错，就等着纠正她。

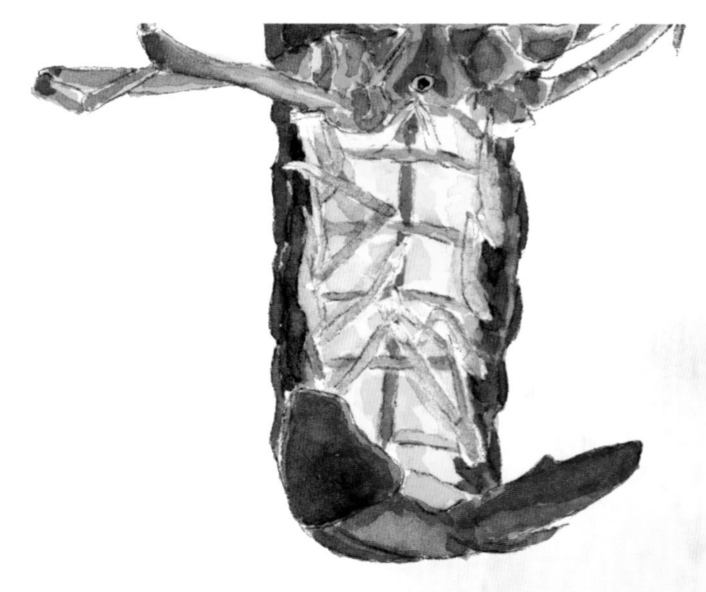

● 小龙虾腹部腹面特写

“哦，这样啊！”小渔有点不好意思，太过轻敌了，没想清楚就回答，下次一定要多想想再说话，“那螃蟹也是 10 条腿，对吧？”

“对咯！”江茂很赞赏小渔举一反三的联想能力，“所以它们都是十足目的亲戚。”

“小龙虾其实还有游泳足，就是用来游泳的，不过不像步足这么显眼，你找找在哪儿。”

小渔先是看了看背面，好像没有像腿的东西，又翻过来看看腹面，这时候这只小龙虾来回弯曲着腹部，腹部上的什么东西也在来回划动，小渔用另一只手拉住小龙虾的尾巴，这样可以观察得更仔细：只见小龙虾腹部两侧长着两排细细的几乎透明的条状物，还在不停地划动着。

“应该就是这些吧。”小渔说。

“没错，这个就是游泳足，你数数它有几条。”

“1、2、3、4……9、10、11……怎么感觉数不清啊，好像有十几条吧。”小渔数了几遍，但每次数出来的数都不一样。

“其实小龙虾的游泳足也有 10 条，两边各 5 条，你觉得有十几条

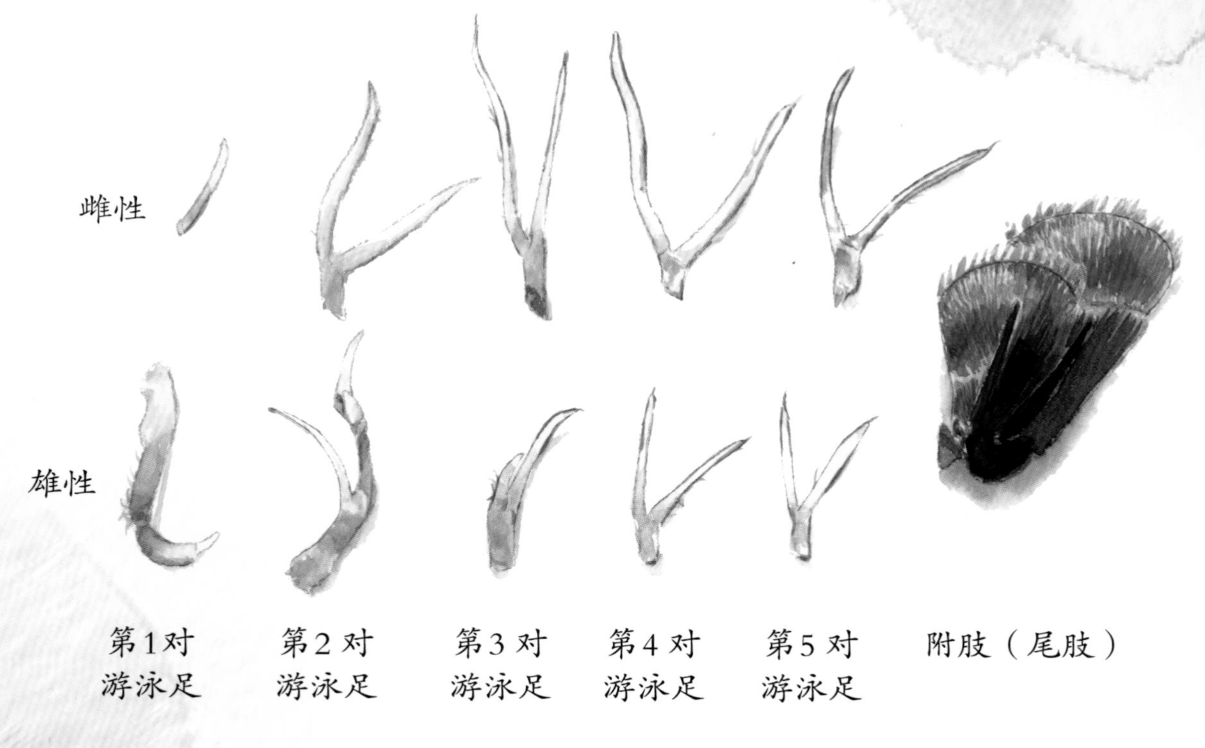

小龙虾游泳足的分解图

是因为它的后4对每条腿都是双肢型，也就是每条腿分了一个叉。它不停地动，再加上有时候水把游泳足沾到了一起，就不太容易数清楚了。这样吧，我拿个图片给你看，你就更清楚了。”

小渔看着图，又扒着小龙虾的腹部仔细看，终于数清楚了。

“小龙虾的尾巴很有意思，像把扇子，还可以一开一合的。”小渔看完游泳足又向尾巴看去。

“它的尾巴也叫尾扇，是由1个尾节和1对附肢组成的。中间这个叫尾节，两边的是第6腹节的附肢。”“快点帮我洗虾，不然到晚上8点都吃不上。”

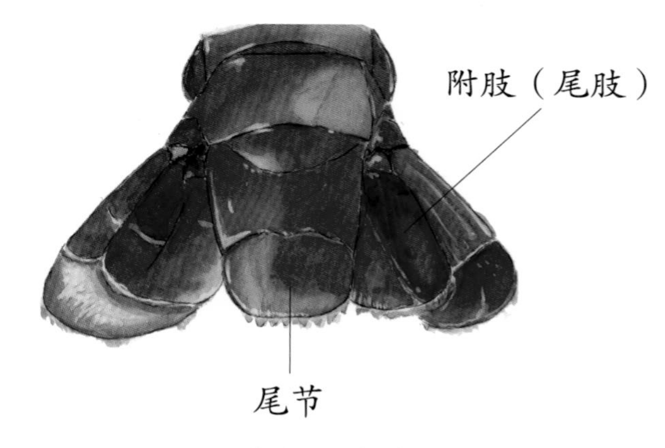

小龙虾尾扇特写

这虾生病了

小渔赶紧拿起小牙刷认真刷了起来。突然，她拿起一只软绵绵、看起来有气无力的虾问：“爸爸，这只虾是不是生病了？怎么看起来病恹恹的。”

江茂看了一眼，又用手戳了戳这虾说：“没有哦，这只虾应该是刚蜕壳，并不是生病了。”

“蜕壳？和蝉一样要蜕壳吗？”小渔问道。

“对的，蝉和虾蟹都属于节肢动物，都有蜕壳的现象，这么一说你就明白了吧。你还记得我跟你说过蝉为什么蜕壳吗？”江茂反问道。

“当然记得，蝉的骨骼是在外面的，骨骼并不能随着蝉的生长而长大，所以它就要把旧的壳蜕掉，换上新的大一点的壳，这样它就能长大了。虾是不是也是这样？”小渔很快就答了出来。

“没错，虾也是这样，刚蜕壳的虾是软的，时间长了壳就会变硬。这个时候它很脆弱，非常容易被同伴欺负。”

“它都这么可怜了，那我们今天不要吃它，先把它养起来吧。”小渔心生怜悯。

“好啊，你说了算！”江茂爽快地答应，随后把它放进一个闲置的水缸。

第二节

万物复苏的春季

蓝色小龙虾

第二天放学回家，小渔放下书包就来看养在水缸里的软壳虾，因为缺乏材料，所以这个缸里面光秃秃的，略显寒酸。于是小渔跑到正在厨房做饭的江茂跟前说：“爸爸，我们将水缸装饰一下吧，那个水缸里什么也没有，小龙虾连个睡觉的地方都没有。”

“好，就听你的，我们早点吃饭，吃完饭就去花鸟市场看看。”

“太好了，我最喜欢逛花鸟市场了！”小渔开心极了。

“但是我们说好了，只能买装饰水缸的东西，别的不能乱买。”江茂严肃地说。

“遵命！”小渔朝爸爸吐了吐舌头。

吃完饭，江茂带小渔来到家附近的花鸟市场，他们进入一家卖鱼虾的店，趁着爸爸和店主咨询的时候，小渔就趴在缸前看着里面的鱼儿游来游去，看完一个再看下一个，每个缸里的鱼儿都不同，还有乌龟和虾。

“等等，这是什么虾？”小渔突然看见一只蓝色的虾，看外形非常像小龙虾，但一身耀眼的蓝色让她不敢确定。

“哦，这个是‘蓝魔虾’，呈天蓝色，从澳大利亚进口，小朋友你喜欢吗？我便宜点卖给你。”老板似乎要下班了，迫不及待地给小渔介绍。

● 蓝色小龙虾

“这个蓝色真好看。”小渔用期待的眼神看着爸爸，“家里那只小龙虾太孤单了，我们要不给它找个伴儿？”

江茂仔细看了看这只所谓的“蓝魔虾”，然后转头问老板：“这只多少钱？”

“本来是 200 元的，但这是今天最后一单生意了，我 150 元卖给你吧。”老板笑眯眯地说。

“老板，你要讲诚信呀，这可不是什么‘蓝魔虾’，而是蓝色变异的小龙虾。”江茂戳破了老板的谎言。

“哎呀，原来是内行人啊，您还真识货，这个确实是小龙虾，但是蓝色的也确实很罕见，只有几百万分之一的概率，也还是有价值的。”见江茂不为所动，老板继续说道：“这只小龙虾是我逛水产市场时偶然碰见的，我也是花钱收过来的，这样吧，我也不赚你钱了，20元卖给你。”老板被拆穿，有点心虚，只能实话实说了。

“好，那帮我将它与这些材料一起装起来吧。”江茂说。

等走出花鸟市场，小渔一脸崇拜地看向爸爸：“爸爸，你真厉害，这个都知道，差点就上了那个老板的当了。但是这个小龙虾为什么是蓝色的呢？蓝色的小龙虾能吃吗？真正的‘蓝魔虾’又是什么虾？”小渔刚夸完爸爸，也不给他反应的机会，又抛出一连串的问题。

“我先回答你最后一个问题吧，‘蓝魔虾’是商品名，这个名字其实对应好几种虾。最开始指的是原产自美国佛罗里达州的佛罗里达蓝螯虾，跟小龙虾是近亲。后来又发现了几种蓝色的虾，也都被称作‘蓝魔虾’，但主要

● “蓝魔虾”

的‘蓝魔虾’是产自澳大利亚的两种拟螯虾科光壳虾属的虾。不过蓝色小龙虾也确实比较罕见，买回来观赏也不错。”江茂似乎还在为买到蓝色小龙虾而高兴，紧接着说：“小龙虾变成蓝色是基因变异造成的，其实有不少种淡水螯虾都可能因基因突变而变成蓝色。吃当然是可以的，它没有毒，只不过吃的话就太可惜了。”

回到家，父女俩先把那只软壳小龙虾捞起来放入小桶，然后往水缸里放入沙子，再铺上小石子，又放入几块大石头便于小龙虾躲藏，最后种上几株水草就大功告成了。

当小渔刚要把两只小龙虾放入水缸里时，江茂连忙阻止她：“现在还不能把这两只小龙虾放在一起，不然它们会打架的，这只软壳虾肯定打不过那只蓝色小龙虾。这样好了，我在水缸中间放一张钢丝网，给它们隔离开。”

江茂安置好钢丝网后，小渔在两边各放入一只虾。软壳虾刚入水，就找了个石缝躲了进去，而那只蓝色小龙虾似乎觉察到了另一只虾的存在，把钳子尖伸进网眼中，似乎想要穿越过去，只可惜无论它怎么努力都无法穿过钢丝网，只能作罢。

● 水缸里的软壳虾和蓝色小龙虾

钓龙虾去

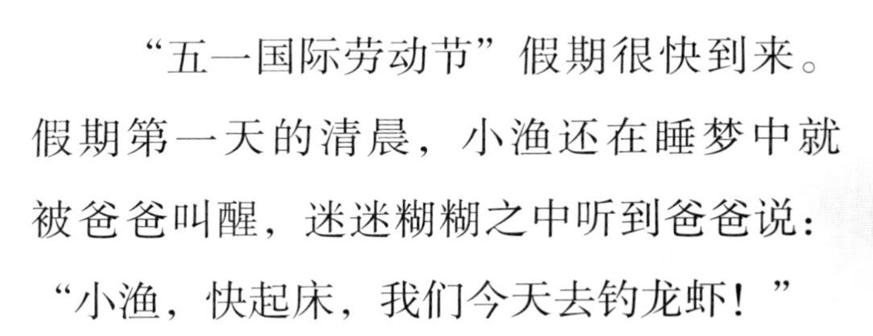

“五一国际劳动节”假期很快到来。假期第一天的清晨，小渔还在睡梦中就被爸爸叫醒，迷迷糊糊之中听到爸爸说：“小渔，快起床，我们今天去钓龙虾！”

听到这话，小渔一下子就清醒过来，立刻洗漱并换好衣服，就跟着爸爸高高兴兴地出门了。

路上，小渔好奇地问：“小龙虾也能钓吗？”

“能啊，到地方我们实践一下，你不就知道了。”江茂边开车边说。

江茂开了很久，终于到目的地了，停好车，带着小渔往塘边走去。

只见这里大片大片的池塘，中间被一条条塘埂隔开，他们走在最宽的那条塘埂上。一个皮肤黝黑、满脸笑容的大叔向他们热情地招手：“你们是来钓龙虾的吧？”

江茂和小渔一起笑着点点头。

“你们跟我来，这里位置比较好。”大叔把他们带到一个小屋旁，从小屋里拿出两根绑了线的竹竿和一些肉块，“钓龙虾很简单的，也不需要什么专业的装备，只需要在竹竿一头绑上棉线，在末端系上一块肉或者动物内脏就行了。”

大叔把竹竿递给他们，又拿来一个大桶和一个网兜：“钓上来的小龙虾就放桶里，桶里不要放水哦，这样小龙虾反而不容易死。还有，如果钓到小龙虾，在小龙虾刚浮出水面时，就立刻用网兜网住它，不然它就松开钳子掉回水里了。你们慢慢钓，我去忙了。”

“叔叔，等一下。”小渔看到水塘四周都围了一圈绿色的网，网的上沿还有黑色光滑像是塑料的东西，大为不解，于是问道：“这里竖一圈网是干吗的？”

大叔看小姑娘挺感兴趣，也来了兴致：“这个啊，是防止小龙虾逃跑的。你看这上面黑色光滑的膜，小龙虾就爬不上去了。”

“原来是这样。谢谢叔叔！”

小渔和江茂随即把肉绑到线上，然后抛进水塘里，接下来就是等待了。

小渔盯着水面看了半天，线还是一点动静都没有，她有点不耐烦，小声问江茂：“爸爸，你说小龙虾现在是不是不饿啊？”

“有可能，也有可能它们还在洞里没出来。”江茂同样也小声地说。

“洞里？它们住在洞里吗？”小渔好奇地问道。

● 钓龙虾

“对啊，小龙虾喜欢挖洞，它们那对强壮的钳子就是挖洞的好工具。”说完，江茂在塘边的土坡上来回张望，似乎是在寻找什么东西。突然江茂两眼放光，不由得提高了音量：“小渔快看，这个洞就是小龙虾挖的。”

只见不远处的水边坡堤上有一个小洞，位于水面上方一点。小渔放下竹竿，慢慢走过去，想凑近看个清楚。这个洞没有什么特别之处，洞口也不大，直径二三厘米，像是一根木棍戳出来的。

“爸爸，你说我就守在洞口边上，能看见小龙虾爬出来吗？”

“这可不好说，你试试看。”

于是，小渔就蹲在洞口边上，眼巴巴地盯着洞口。盯了一会儿，眼睛都直了，也不见小龙虾出来。小渔放弃了。

“小渔，你看线在动，应该是有小龙虾上钩了！”江茂极力压低声音，生怕吓跑了即将到手的小龙虾。

小渔也十分激动，拿起网兜做好准备。

父女俩都屏住呼吸，看着棉线一点点拉出，终于看到小龙虾了，它正用钳子牢牢地夹住线上的肥肉，小渔眼疾手快地用网兜接住小龙虾。

“耶！我们钓到的第一只小龙虾，还挺大的。爸爸，为什么你可以钓到，我就钓不到呢？”小渔不甘心。

“那是因为你就像《小猫钓鱼》故事里的小猫一样三心二意呀！”江茂打趣到。

“哦，我明白了。”小渔有点不好意思了，开始专心致志地钓起小龙虾。

功夫不负有心人，小渔也钓上来了第一只小龙虾，有了第一次的成功，后面就容易多了。

接近正午，天气逐渐炎热起来，小渔的肚子也饿得咕咕叫。

江茂说：“我们回去吧，这几只也不够吃的，我们不如带回去养着吧。”

跟大叔告别并付完钱之后，父女俩就满意而归了。江茂这次带小渔来钓小龙虾，并不是为了吃，主要还是带女儿见识虾塘，进一步了解小龙虾的习性，顺带着放松心情。

第三节

红红火火的夏季

当一回侦探

天气越来越热，小渔终于迎来了最期待的暑假。

暑假第一天，小渔在家里照料缸里的小龙虾，加上上次钓回来的小龙虾，水缸里热闹了不少。小渔每天精心照料，但不知道是什么原因，还是死了几只。

小渔决定趁着暑假，好好来探究一下。江茂还帮小渔给这次行动起了个很酷的名字——“小渔·福尔摩斯探案”。

小渔先把死掉的 4 只小龙虾按照死亡时间顺序编了个号，分别为 A、B、C、D，然后通过看书和上网查资料，以及咨询江苏省淡水水产研究所的专家叔叔，了解了一些小龙虾的生活习性和行为特征，得到了如下的结论：

结案报告

小龙虾 A（即最开始的软壳虾）

死亡前的异常表现：几乎不吃东西，也不怎么活动。

死亡原因：打架受伤。刚换壳没几天就被其他小龙虾欺负，缺了 3 条腿，当时没在意，爸爸说下次蜕壳能长出来，但它可能受了更严重的伤，没几天就死了。另外，我把它捞起来的时候，发现它有被其他虾吃过的痕迹。

小龙虾 B

死亡前的异常表现：几乎不吃东西，一直躲在石缝里。

死亡原因：应激性反应。B 是我从池塘钓回来的，它刚到我家水缸的时候就不太活跃，江苏省淡水水产研究所的专家叔叔说它很可能是因为应激性反应而死，也就是说，我把它从池塘里钓上来，装到桶里，放在车里，爸爸开车一个多小时把它带回来，再放到我家水缸里，这个过程它不适应、有点害怕，就导致身体出现了不好的变化，最后就死了。

小龙虾 C

死亡前的异常表现：借助水草爬到水面，并侧着身体。其他几只小龙虾也有同样的动作。

死亡原因：缺氧。虽然书上说小龙虾耐低氧能力较强，但是也会因为天气、水草过多、水质变差等原因缺氧。我记得当时天气非常闷热，水里可能就缺氧了，小龙虾的鳃长在头胸部的两侧，小龙虾浮到水面侧着身体就是在呼吸，这是缺氧的表现。

小龙虾 D

死亡前的异常表现：一直躲在石缝里，没被注意（我换水的时候才发现它死了）。

死亡原因：水质不好。C 死亡后，虽然我把它捞出来了，但我没有及时换水，第二天 D 就死掉了。而且我记得当时水有点臭、有点浑浊。也不排除是因为缺氧，因为 C 死亡导致水里细菌增多，细菌活动会消耗水里的氧气。也可能是两个原因都有。

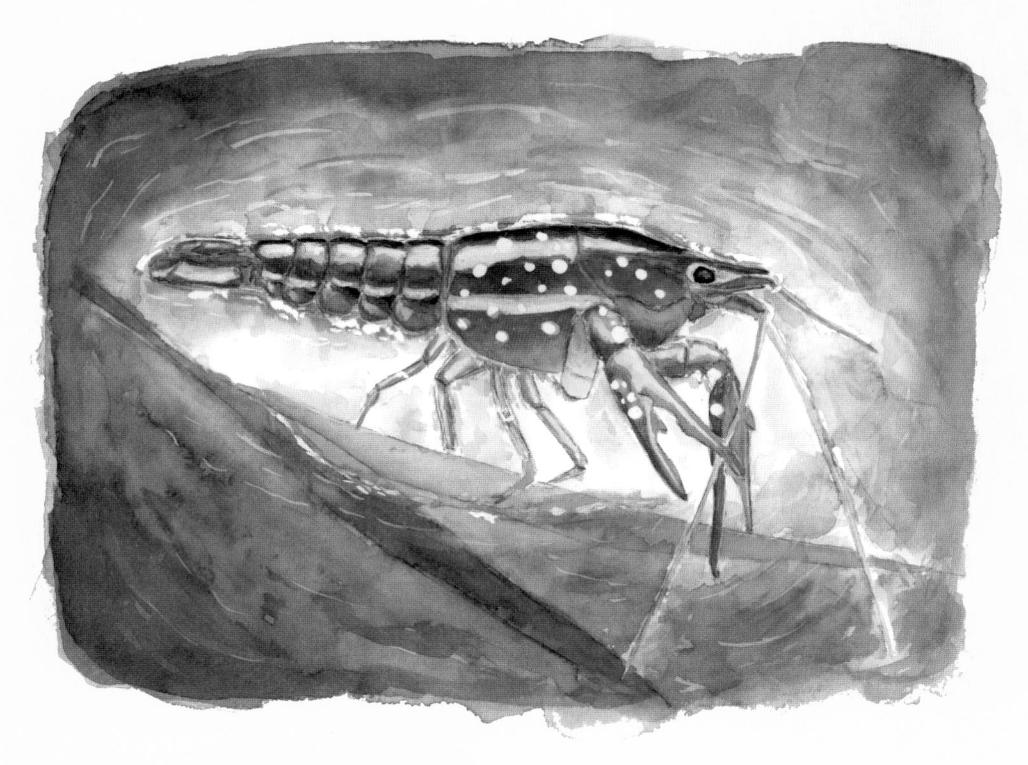

● 侧着身体呼吸的小龙虾

全虾宴

江茂对小渔的这个侦探行动非常满意，甚至都有点惊讶，他自己都没想到原来自己的女儿在分析“案情”、寻找线索、总结推理上还是有点天赋的，说不定以后真能成为一个厉害的侦探。

● 全虾宴

为了奖励小渔，同时也因为小渔的表弟安安从其他城市专程过来玩，所以江茂带着老婆、女儿和安安一家去吃全虾宴。

说到这个全虾宴，那可厉害了，一个超大的圆桌上，满满当当摆的都是小龙虾，还是不同口味的小龙虾：蒜蓉、十三香、麻辣、清水、冰镇、老卤、油焖、干煸。每一种味道的小龙虾都红彤彤、香喷喷的，看得人直流口水。

“大家快开吃吧，尤其是安安，你这么远坐车过来一定饿坏了吧。”江茂说道。

大家便坐下来开始从自己最喜欢的口味吃起，不一会儿，每个人面前的桌子上都堆起了小山一样的虾壳。

“爸爸，这虾线到底是什么东西呀？”小渔边吃还不忘边问问题。

“虾线就是虾的肠子，准确说是后肠。虾的内脏基本都在头胸部，只有后肠在腹部。所以我们吃虾的时候要把虾线挑出来，因为里面都是未消化的食物残渣和排泄物，也就是便便。”江茂对小渔眨了下眼睛。

“好啦好啦，吃饭就不要讨论这些话题了，不要影响大家胃口。”于晓有些嫌弃。

不过这个时候，安安也来了兴致，凑到江茂身边，小声问道：“姑父，这个虾头里黄黄的东西到底是什么呢？是便便吗？”

“这个其实是虾的肝脏、胰脏，母虾的话还有卵巢。”看安安还是一副疑惑的表情，江茂继续说道，“不是便便哦，便便在肠子里。”

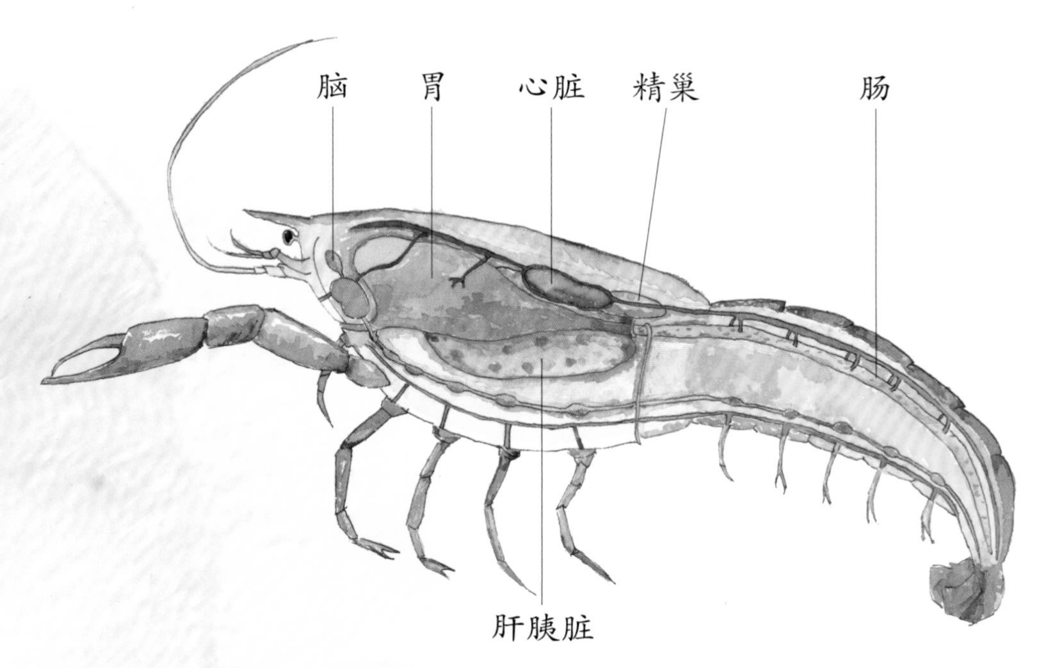

小龙虾身体内部结构图

小龙虾喜欢污水？

听到这儿，安安的妈妈也忍不住问道：“都说这小龙虾喜欢污水，喜欢在臭水沟里生活，还有重金属、寄生虫，很脏，到底是不是真的呢？我虽然也爱吃，每次吃完也没有什么问题，但这些话听多了，还是有点担心，平时也不敢让安安多吃。”

“这个其实不用太担心，人们确实会在臭水沟里发现小龙虾，那是因为小龙虾适应能力强，其他鱼虾不能生存的环境，它也能生存。但是对于小龙虾而言，它并不喜欢这样的环境。有研究人员做过实验，让小龙虾自己在清水和污水中间做选择，大多数小龙虾还是选择清水的。而且我们现在吃的小龙虾都是人工养殖的，养殖的时候对水质都是有要求的，要符合国家标准，不然虾也长不好，没法繁殖。我跟这家店的老板认识，他们家的小龙虾都是正规大养殖场的，每天送活的小龙虾过来，虾也洗得很干净。”

安安妈妈长舒一口气，又开始吃起来。

“是的，这点我可以证明，因为我养的小龙虾，其中一只就是因为水被污染而死掉了。”小渔在这事上确实很有发言权。

“你家还养了小龙虾呀！”安安的语气中透露出羡慕。

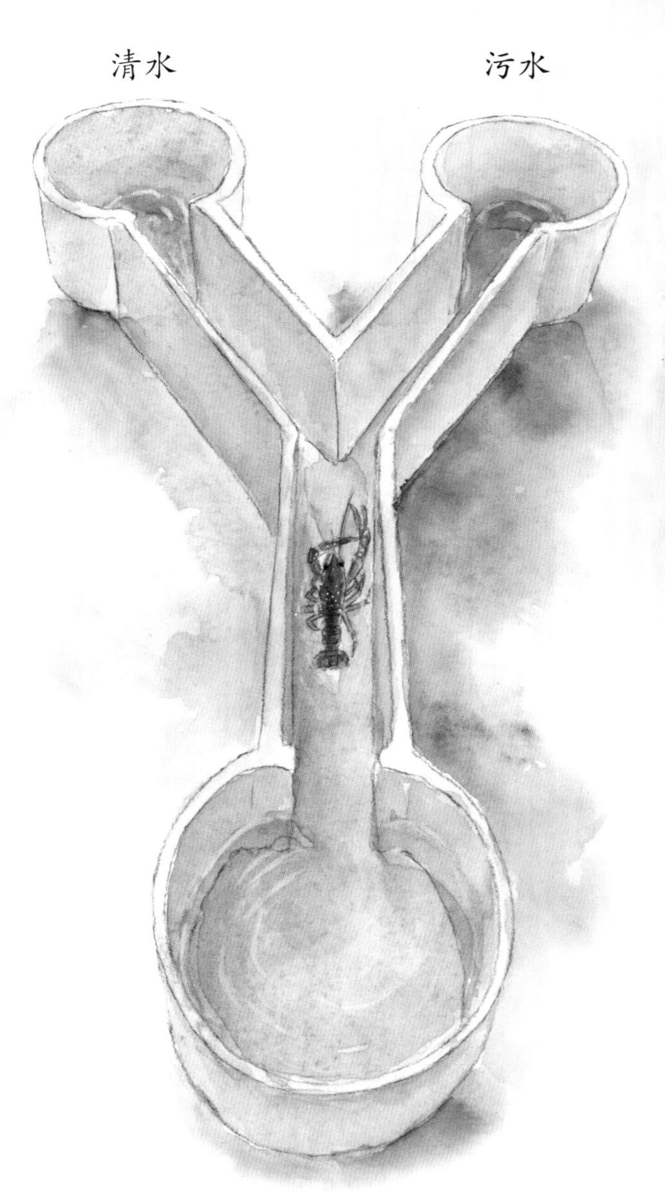

● 小龙虾选择实验

“对啊，吃完饭你去我家看，我还有一只蓝色的小龙虾呢！”小渔非常自豪地说。

“小龙虾还有蓝色的啊，你吹牛吧，还是你给它染色了？”安安并不相信有蓝色的小龙虾。

“才不是呢，它是基因突变造成的，跟你说了也不懂。”小渔被安安怀疑，都有点生气了。

● 躲在圆筒里的小龙虾

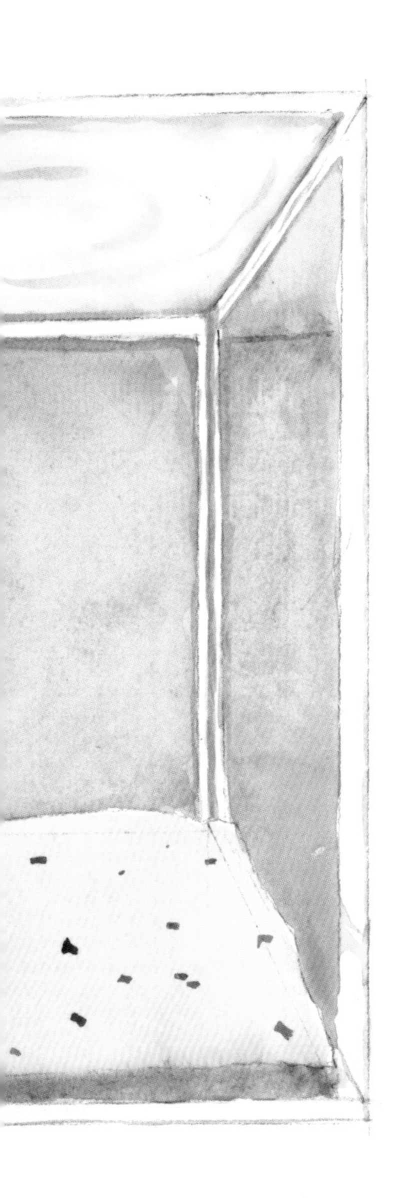

这姐弟俩从小就喜欢争吵，凡事都想争个对错。不过，很快他们又被美味吸引，忘记了争吵，小渔还给安安科普起小龙虾的知识。

吃完全虾宴，大家一起回到小渔家，姐弟俩第一时间跑到水缸前。

“原来真有蓝色小龙虾。”安安大开眼界，感叹道。

“那当然了，我还能骗你。”小渔自豪地说道。

接着，安安又看到了新鲜东西：“表姐，这些圆筒是干什么的？还有小龙虾躲在圆筒里面干吗呢？”

“这个是我和爸爸去钓小龙虾得到的启发。小龙虾在自然环境中喜欢挖洞，平时白天就喜欢待在洞里休息。水缸里没有地方挖洞，我和爸爸就想了这么一个办法，用塑料圆筒模拟洞穴，让小龙虾躲在里面休息。”小渔解释道。

“这么有意思啊，原来小龙虾除了好吃，还有这么多有趣的知识。”安安这下是真的开始佩服表姐了，也不再想着争吵了。

第四节

硕果累累的秋季

雌雄有别

暑假很快结束，新的学期开始，小渔已经上六年级了。学习任务更加繁重，但她仍然放心不下她的小龙虾。

今天刚放学回到家，小渔连书包都没放下，就跑过来看小龙虾。

小渔好像突然想到了什么：“爸爸，这些小龙虾可以生宝宝吗？”

“不出意外的话，应该可以。秋天正是小龙虾的繁殖高峰期。”爸爸答道。

小渔又问：“小龙虾怎么分公母呢？我们的水缸里不会全是母的或者全是公的吧？”

“这个我早就确认过了，我抓两只指给你看！”江茂说罢从水缸里抓出来一只小龙虾，这小龙虾张牙舞爪的，显然很不乐意。随后，江茂把小龙虾翻过来，腹面朝上，并拉着它的尾巴露出腹足。“你看这只虾的第 1 对腹足和第 2 对腹足有什么不一样的地方？”

“末端是白色的！”小渔兴奋地说道。

“对咯，这个就是雄虾，雄虾的第 1 对腹足特化成了针管状的交接器，而且基部和中段是红色，末端是白色；第 2 对腹足也是这个配色。我再抓只雌虾给你看看有什么不一样。”江茂把手里的小龙虾放回水缸，看了看剩下的几只，然后对准其中一只用极其娴熟的手法抓了出来，翻身腹面朝上。

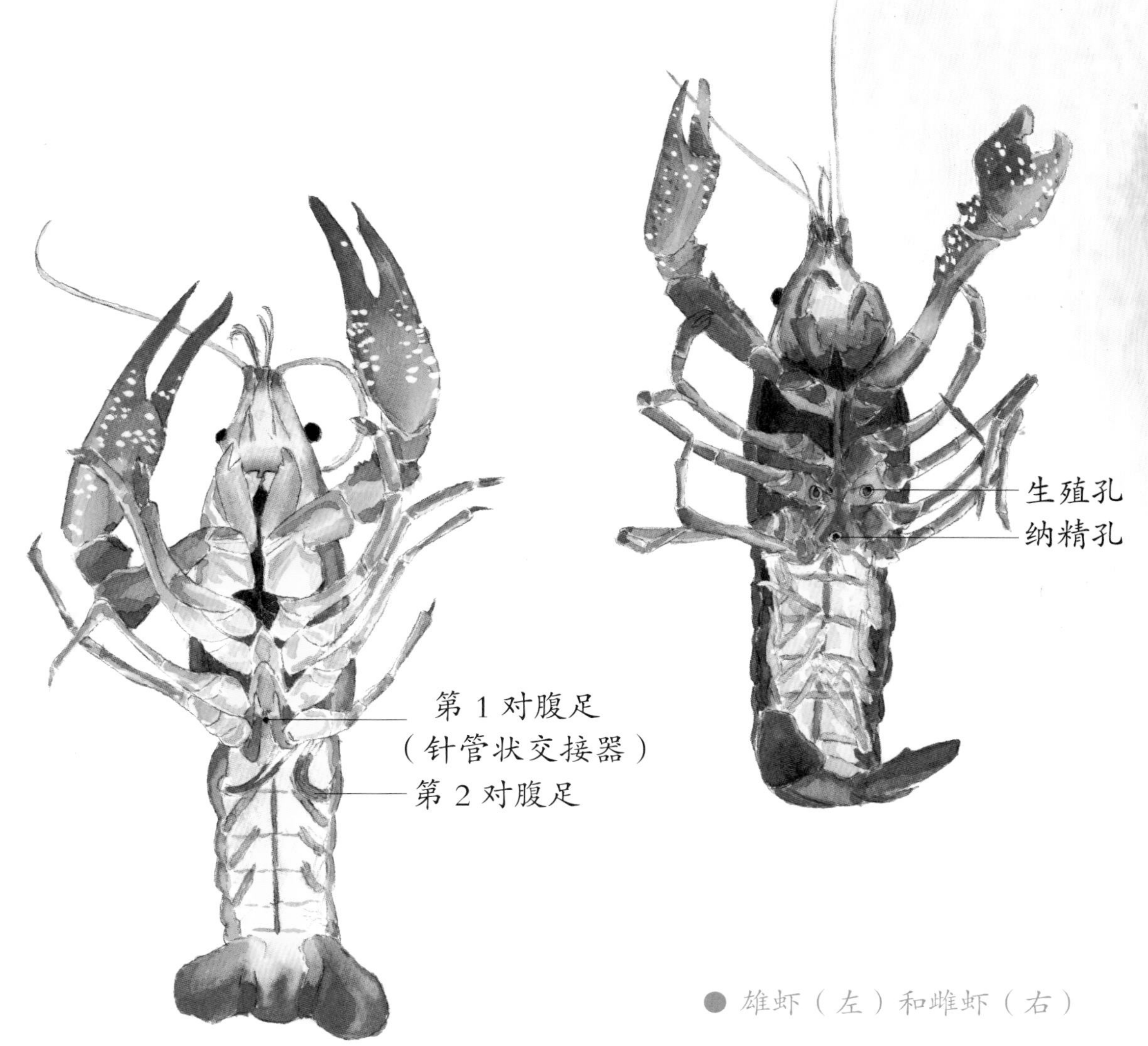

雄虾（左）和雌虾（右）

“你看这只就没有末端白色的腹足，不过它的第 1 对腹足比其他的腹足要细小一些。另外，你再仔细看，在第三步足的基部有一对小孔，这个就是雌虾的生殖孔，再下面一点，还有一个小孔，是纳精孔。”

“我明白了，可是爸爸，你是怎么一抓就能抓准的呢？你抓的时候看不到它们的腹部啊！”小渔不解地问道。

“其实，除了看腹部，还可以看体型，雄性的钳子要大一些，而雌性的身体要大一些。当然，这个不是百分百准确的。”

“原来是这样。”小渔若有所思地点了点头。

小渔在心里默默许愿，希望它们能快快生出许多小虾宝宝。

此后的几个星期里，小渔每天都来看看这些小龙虾，给它们喂食，水脏了就及时换水，可以说非常尽心尽力。

终于在 9 月末的一个下午，小渔看到两只小龙虾腹部紧贴着抱在一起，就喊来爸爸一起看。

“它们是不是要生宝宝了？”小渔问道。

“没错！这个水缸要迎来新生命啦！”江茂开心地说，“你要不要写个观察笔记呢？”

“这个主意好，正好科学课老师给我们布置了一个课题，就是要观察动物的生长过程。”小渔马上去书包里拿出笔和笔记本，开始了记录。

9月24日

天气：晴　气温：24℃

今天我在水缸里看到两只小龙虾腹部贴着腹部，雄虾还用钳子夹住雌虾的钳子，爸爸说它们马上就要生宝宝了，我很期待！

9月25日

天气：小雨　气温：20℃

今天我去看了那只雌虾，它还没有产卵，爸爸说可能是它的卵巢还没有发育成熟，雌虾在交配后可能需要几天甚至两三个月才能产卵。看来我需要再多等几天了。

9月27日

天气：多云　气温：22℃

我给它们取名为小杰和小灵，嘿嘿。今天小灵还是没有产卵，也没有什么异常。

10月2日

天气：晴　气温：24℃

今天小灵终于产卵了。它的卵是黄色的，圆圆的，像一颗颗黄豆，不过比黄豆小好多。它一下子产了好多卵，我都数不过来，而且有意思的是，它的卵都粘在妈妈腹部上，表面还有一层膜包着。爸爸说，现在小灵需要更好的营养，所以，除了喂饲料水草之外，还会给它一些小鱼和鲜肉。

10月6日

天气：晴　气温：25℃

今天我看到小灵的游泳足还会来回摆动，这是在干什么呢？我打电话请教了江苏省淡水水产研究所的专家黄叔叔，他说小龙虾妈妈不停地扇动游泳足是为了形成水流，这样就能为卵增加氧气。另外，小龙虾妈妈还会用步足深入卵块中，清除杂质和坏死的卵，保证卵的健康生长。

10月13日

天气：阴　气温：21℃

今天小灵的卵颜色变深了，变成了黑色，而且亮亮的。爸爸说这是胚胎，也就是卵中的小宝宝正在发育。

抱卵的母虾

10月18日

天气：大雨　气温：15℃

今天开始降温了，爸爸说温度低时虾宝宝的孵化就会变慢，我想快点见到小龙虾宝宝，所以爸爸给水缸里放了加温棒，保持水温在25℃，这样再过大概一周我就能见到它们了。

10月20日

天气：阴　气温：14℃

爸爸说小龙虾宝宝孵出来后，继续生活在这个水缸里会有危险，虾宝宝可能会被其他虾吃掉，所以最好把小灵单独养起来，这样也方便我观察虾宝宝。于是，我们又弄了一个小一点的水缸，布置好，把小灵连同她的小圆筒都小心翼翼地捞出来放到小水缸里了。

10月24日

天气：晴　气温：18℃

今天小灵的卵变成了一部分黑色、一部分透明的样子，而且在透明的地方还出现了一个砖红色的斑点。我最近学习了很多关于小龙虾繁殖的知识，我知道这是卵马上就要孵化的标志！

10月25日

天气：晴　气温：17℃

我今天再来看小灵的时候，发现它的宝宝们已经孵出来了，不过它们仍然粘在妈妈的腹部，仔细看能看到它们大大的黑眼睛，身体黄黄的，好像蛋黄，爸爸说这是受精卵里残留的卵黄，其实就和蛋黄一样。我想弄下来一只虾宝宝仔细观察一下，但是爸爸说这样宝宝很容易死掉，所以就找来图片给我看了一下，它的头胸部又大又圆，而且是透明的，能看见里面有红色和黄色的东西，它的腹部是弯曲的，也是透明的。

10月29日

天气：阴　气温：15℃

今天我发现小龙虾宝宝可以动了，眼睛也变凸了一些。爸爸查完资料后告诉我，之前虾宝宝的眼睛没有眼柄，现在长出眼柄了，这样它的眼睛就可以转动了。爸爸还告诉我，虾宝宝每长一个阶段就要蜕一次皮。

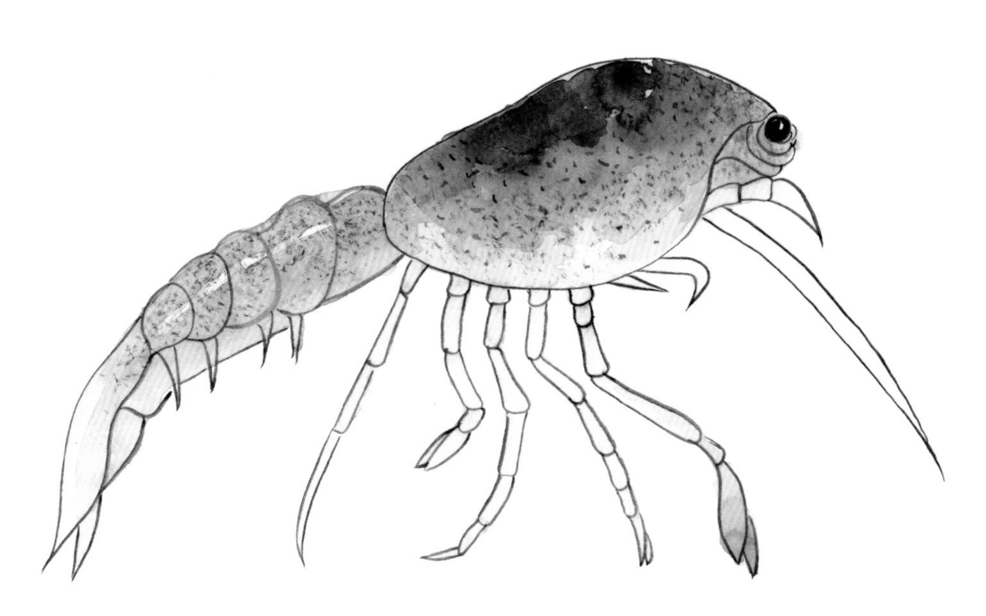

第2龄小龙虾（孵出4天后）

11月3日

天气：小雨　气温：12℃

虾宝宝颜色变深了一些，但它们还是太小了，我看得不是很清楚，只好借助网络上的图片来看清楚。它们的样子跟刚孵出来时的“大头宝宝”不一样了，跟妈妈更像了，只不过颜色不一样，钳子也更小，但是眼睛显得很大。

11月10日

天气：晴　气温：12℃

这几天我发现虾宝宝经常离开妈妈自己活动，爸爸说，这个时候虾宝宝可以自己吃东西了。但是，我发现我每次走过来喂食或者把手靠近水缸，这些虾宝宝就会迅速游回妈妈肚子下面。可能是我吓到它们了，它们想要妈妈保护它们。

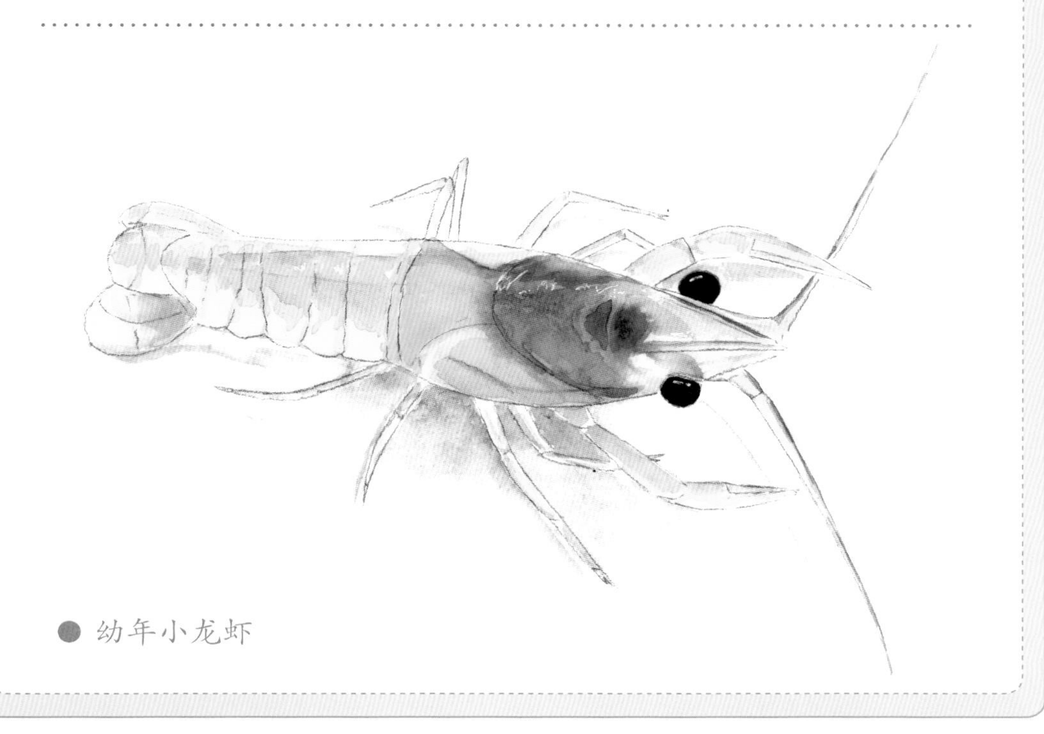

幼年小龙虾

11月15日

天气：晴　气温：11℃

爸爸说，虾宝宝还要和妈妈一起生活大概3个月，这期间虾宝宝除了身体长大也不会有太大的变化，而后面我还要准备期末考试，我的观察记录可以到此结束了。这个过程我觉得很开心，没想到小龙虾也会是个好妈妈，它会照顾卵，并保护虾宝宝这么长时间，通过观察我也学习到了更多关于小龙虾的知识，体会到了科研工作的不容易，就连用眼睛观察都不是简单的事情，需要有耐心和恒心，还要非常仔细和负责任。观察也是有科学方法的，需要提前查资料、咨询长辈，学习一些知识，不然可能会错过很多事情。

好了，我的小龙虾繁殖生长观察记录就写到这里了。

第五节

动静相宜的冬季

小龙虾冬眠吗？

天越来越冷，小渔离期末考试也越来越近了。

这天，小渔在家边吹着空调边写作业，突然想到了什么，跑到水缸边去看看小龙虾，左看看右看看，突然问江茂："爸爸，你说小龙虾会冬眠吗？我看它们好像也没有冬眠。"

"那是因为家里温度高啊，都开着空调，还有加热棒。"江茂回答。

"那野外的小龙虾呢，它们冬眠吗？它们怎么度过冬天？"小渔继续问道。

"野外和室外池塘里养的小龙虾冬天会躲在自己挖的洞穴里，它们活动减少，吃的也变少，但是严格来说并不是冬眠。"

"哦？那什么叫冬眠？"小渔更加疑惑了。

● 小龙虾冬天躲在洞穴里蛰伏

“冬眠指的是一种状态，就是动物不吃不喝不动，心跳和呼吸都特别慢，体温也能变得非常低，甚至达到 0 ℃。”江茂虽然不是动物学专业出身，但因为从小喜欢动物，看了不少书籍和资料，也算是知识渊博了。

“它们冬眠那么久，不吃不喝不会饿死吗？”小渔还是很担心。

“很多冬眠的动物都会在秋天把自己吃得胖胖的，储存足够的脂肪，它们冬眠的时候基本就是靠消耗这些脂肪存活的。而且它们冬眠时呼吸和心跳都很慢，体温也很低，消耗的能量也就很少了。”

“那小龙虾冬天也吃得很少，为啥就不是冬眠呢？”小渔还是不解。

“小龙虾并没有进入我之前说的呼吸心跳很慢，看起来像昏死了一样的状态。它只是躲在洞穴里避开外面的严寒，减少活动，同时也减少吃东西。”江茂耐心地解释道。

“哦，原来是这样，我明白了。”小渔点点头，开心地跑回房间继续写作业了。

有趣的实验

到了周末，小渔正在房间学习，江茂突然敲了敲房门，对小渔神秘一笑：“我带你去个好玩的地方呀。”

小渔合上书，整理好书桌，开心地说：“那我们去哪儿呀？”

“先保密，去了就知道了。”江茂想给女儿一个惊喜。

江茂开车开了一会儿，就驶进一个院子停了下来说：“我们到了。”

小渔环顾四周：“这不是江苏省淡水水产研究所嘛，我们来这儿干吗？叔叔阿姨们周末也不休息吗？”

“没错！我们今天是来旁观一下有趣的实验。”江茂难掩兴奋之情。

“哦？什么有趣的实验？”小渔的兴趣一下子被提了起来。

“你跟我来，我让黄叔叔跟你解释。”

父女俩小跑上楼，来到一个房间门口，只见里面有黄叔叔和几个大学生模样的年轻人，小渔非常有礼貌地打起招呼：“黄叔叔好，哥哥姐姐们好！”

“你爸爸听说我最近在做实验，就想带你过

● 实验场景图

来参观参观。难得你对小龙虾这么感兴趣，我就答应了，这些哥哥姐姐都是我带的研究生，做实验的主要是他们。我们先看看他们是怎么做的。”黄叔叔说完，示意研究生们开始做实验。

这个时候小渔才看到房间里两边都摆满了货架，货架上是一个一个塑料小盒，里面养着小龙虾，每个盒子里一只。房间中间有一张很大的桌子，桌子上摆着一个大一些的塑料盒，里面有两个圆圈。在塑料盒的正上方还架着一个摄像头，正对着塑料盒。房间里很暖和，应该是开了空调，小渔虽然满肚子疑问，但是不敢说话，只是静静看着。

一个大哥哥从旁边架子上拿来一个小塑料盒，用小网兜轻轻捞起小龙虾，再轻轻放入大塑料盒的一个圆圈里。然后从架子上又拿过来一个小塑料盒，把里面的小龙虾放入大塑料盒的另一个圆圈里。这个时候小渔才注意到小塑料盒上都是标了序号的，站在桌子旁边的一个大姐姐正在笔记本上记录着什么。

“应该是实验记录吧。”小渔心想。

同时，还有一个大哥哥坐在桌子的另一端，面前放着一台笔记本电脑，他正盯着屏幕。

过了几分钟，捞小龙虾的大哥哥把两个圆圈轻轻捞出来放到一旁的桌子上，然后后退几步。小渔非常想去看看盒子里的小龙虾在干什么，但是看见其他人都离得远远的，全程保持安静，她也不敢有什么动作。

又过了十几分钟，那个大哥哥把大盒子里的小龙虾捞出来放回原来的小盒子，随后把大盒子里的水倒掉，清洗了一下，装上新的水，再把两个圆圈放回大盒子。

做完这一切之后，大哥哥又从架子上拿出另外的两个盒子，重复之前的操作。看了一会儿之后，黄叔叔拍拍小渔的肩膀，示意她跟自己出去。

小龙虾爱打架

小渔跟着黄叔叔来到另一间办公室。

小渔一进门就迫不及待地问道：“黄叔叔，刚才那些哥哥姐姐在做什么呀？”

“哈哈，我就知道你一肚子问号。他们啊，在做小龙虾的打斗行为实验。”黄叔叔边说边打开电脑，“你来看，这是实验录的视频。”

两只小龙虾打架

“原来大盒子上方的摄像头就是为了拍实验视频啊！”小渔走到电脑前，好奇地看着屏幕。

屏幕上出现的正是刚才看到的大盒子，有两只小龙虾分别在盒子的两个圆圈里到处探索转圈，触角不停摆动，还有一只试图爬出圆圈，但试了几次也没能成功。就这样闹腾了几分钟，小龙虾安静下来，都不怎么动了，这时画面里出现一只手把两个圆圈拿掉了。两只小龙虾没有了圆圈的隔离，开始触角碰到一起，然后两只都高举钳子并张开，随后就打了起来，不停用钳子夹击对方。扭打了一会儿之后，明显看出其中一只更厉害，一直进攻，而另一只则连连撤退。又过了一会儿，那个网兜又出现在画面里，捞走了两只虾，视频就在这里结束了。

“这就是一组实验的视频，我们拍视频就是为了减少人为干扰。如果我们站在旁边看，我们的影子、气味、声音等就会影响到小龙虾，实验数据就不准确了，而且视频可以不停回放、暂停、计时，便于分析。”黄叔叔解释道。

“那两个圆圈是干什么用的？”小渔问道。

“那是为了让小龙虾冷静下来，刚把小龙虾放入大盒子的时候，它们会有点惊慌失措，这也会影响到实验结果。”

“那为什么圆圈一拿掉，它们就开始打架呢？是不是它们有什么仇？”小渔在脑子里已经设想了很多原因。

“哈哈，没有，小龙虾爱打架是天性，它们是社会性动物，打架是为了争夺食物、地盘、配偶等，也是为了确立社会等级。”看着小渔一脸茫然，黄叔叔继续解释道，“也就是说，小龙虾要通过打架选出老大老二老三，打架赢了就是老大，它就能拥有更好的地盘和更多的食物。”

“没想到小龙虾也有社会等级啊，真有意思。”小渔又学到了新知识，非常开心。

“我们这次做的实验是研究温度对打斗行为的影响，利用空调设置不同的温度，看看什么温度下它们打得最厉害。”

“真有意思！”小渔很高兴跟着爸爸来旁观这个实验，比在家闷头学习好玩多了。

第六节

小龙虾从哪儿来？

该独立了

时间过得真快，转眼间小渔的寒假都要结束了，天气也渐渐转暖。

小灵生的虾宝宝，还有其他两只母虾的宝宝都长大了好多，小渔观察到小灵的宝宝已经不怎么回到妈妈肚子下面了，而且数量好像也变少了一点。小渔觉得奇怪，就打电话问黄叔叔。

黄叔叔告诉小渔，虾宝宝和妈妈生活大概 3 个月之后就会离开妈妈独自生活，如果这个时候不把孩子和妈妈分开，虾妈妈很有可能会吃掉小虾。虾宝宝数量变少的原因可能是它们自己打架，也有可能是被母虾吃掉了。

被虾妈妈吃掉？小渔有点不敢相信自己的耳朵，怎么会有这种事情！

黄叔叔似乎也听出了小渔的惊讶，进一步解释道：“这

● 虾妈妈带着虾宝宝

个在大自然中一般是不会发生的，因为小虾会自己离开妈妈去到很远的地方独立生活，但是在水缸里，空间不够，小虾躲避不开母虾，母虾则因为空间受到挤压而吃掉小虾。我们不能拿人类的道德标准和情感去看待它们。你现在最好把小虾和母虾都分开。”

小渔犯愁了，这么多小虾要怎么安置呢？家里也没有这么多水缸，3 只母虾的宝宝加起来有 500 多只了，虽然这几天死掉一些，但也还有好多只呢，这可怎么办？

不能放生

于是，小渔去问爸爸："爸爸，黄叔叔说要把小虾和妈妈分开，不然虾妈妈会吃掉小虾，但是这么多小虾放哪儿呀？能不能给它们放生了？就放到我们家旁边的小河里？说不定以后去还能看见它们呢。"

"放生不行，小龙虾是外来入侵生物，不能放到野外。"江茂严肃地说。

"外来入侵生物是什么意思？"小渔又听到一个新名词。

"意思就是这种生物本来不是世世代代生活在这个地方的，因为自然原因，比如被大风吹、在海洋或河流里漂流，又或者是人为因素，比如人们引种，又或是通过轮船、飞机、火车等交通工具从别处带到这个地方，并且对这个地方的生态环境造成破坏的生物。"江茂解释道。

"哦，也就是说，小龙虾本来不是生活在中国的，而且它对生态环境是有害的？"小渔努力理解着。

"对的，小龙虾原产自美国南部和墨西哥北部。"江茂边说边在世界地图上指给小渔看，"1918 年，小龙虾从美国引入日本，作为牛蛙的饲料来培养；1929 年，又引入中国，就在南京附近，可能也是作为饲料或者观赏虾；然后就逐渐遍布全国乃至全世界，除了南极洲以外。”

“那小龙虾有什么危害呢？”小渔问道。

“首先，小龙虾会打洞，如果它在堤坝上打洞呢，你想想会有什么后果？”江茂还是比较喜欢引导小渔自己想出答案。

“那就会破坏堤坝，如果有洪水的话，堤坝就很容易被冲垮了，后果不堪设想。”小渔想到这里，不禁打了个寒颤。

“对，这是第一点。第二点，小龙虾适应能力很强，繁殖能力也比较强，到任何地方都能迅速安家，壮大种群。所以，如果你放生这 500 只小龙虾，它们明年可能就变成成千上万只。这么多小龙虾在河里吃水草和各种小动物，那会有什么后果？”江茂继续引导。

“那是不是会被小龙虾吃完啊？”小渔问道。

“对的，小龙虾已经威胁到很多本土的水生植物和动物了，这些动物和植物的数量减少，河里的生物多样性也降低了。”

小渔为自己要把小龙虾放生的想法感到羞愧，还好爸爸及时制止了她。但是，这么多小虾怎么处理呢，这可是摆在眼前的大难题。

江茂看出了女儿的担忧："其实我早就想好啦，黄叔叔不是在做实验嘛，他正好需要很多小虾，我们不如送到他那儿去。"

"这个办法好，还能让这些小虾为科学做贡献！"小渔心中的阴霾一扫而空，立马变得开心起来。

● 禁止放生小龙虾